DE LA CRÉATION

D'UNE

SOCIÉTÉ PROTECTRICE

DE L'ENFANCE

POUR L'AMÉLIORATION DE L'ESPÈCE HUMAINE

PAR L'ÉDUCATION DU PREMIER AGE

PAR

Le docteur Alex. MAYER

MÉDECIN DE L'INSPECTION GÉNÉRALE DE LA SALUBRITÉ ET DE L'HOSPICE IMPÉRIAL
DES QUINZE-VINGTS
CHEVALIER DE LA LÉGION D'HONNEUR

PARIS

LIBRAIRIE DES SCIENCES SOCIALES

RUE DES SAINTS-PÈRES, 13

1865

DE LA CRÉATION

D'UNE

SOCIÉTÉ PROTECTRICE

DE L'ENFANCE

POUR L'AMÉLIORATION DE L'ESPÈCE HUMAINE

PAR L'ÉDUCATION DU PREMIER AGE

PAR

Le docteur Alex. MAYER

MÉDECIN DE L'INSPECTION GÉNÉRALE DE LA SALUBRITÉ ET DE L'HOSPICE IMPÉRIAL
DES QUINZE-VINGTS
CHEVALIER DE LA LÉGION D'HONNEUR

PARIS

LIBRAIRIE DES SCIENCES SOCIALES

RUE DES SAINTS-PÈRES, 13

1865

SOCIÉTÉ PROTECTRICE

DE L'ENFANCE

POUR L'AMÉLIORATION DE L'ESPÈCE HUMAINE

PAR L'ÉDUCATION DU PREMIER AGE

I

Pour faire des hommes utiles à la société et capables d'accomplir leur mission ici-bas, il faut veiller au développement intégral de leur organisation physique, et s'attacher à ce que leur enfance soit entourée des meilleures conditions de santé ; ces conditions, la science les enseigne, et si elles ne sont que fort rarement mises en pratique, c'est que les circonstances ne permettent qu'à un petit nombre de privilégiés d'en faire profiter leur progéniture.

Ce que nous disons là, s'applique surtout aux populations des grandes villes. A Paris, par exemple, en raison de la cherté excessive des loyers, les appartements sont généralement trop exigus pour se prêter à une augmentation de la famille; d'un autre côté, les femmes des classes pauvres sont soumises à un labeur qui ne leur permet pas de remplir les devoirs de la maternité.

Celles des classes aisées et riches, dont les maris s'adonnent au commerce et à l'industrie, partagent souvent le souci des affaires et prennent leur part de travail au comptoir ou au bureau. Si elles deviennent mères, elles confient leurs enfants à des nourrices mercenaires, pour n'être pas distraites de leurs graves occupations.

Là où règnent l'opulence et l'oisiveté, ce sont des considérations d'un autre ordre qui font que les mères s'affranchissent de la sujétion de l'allaitement. Pour les unes, c'est la faiblesse de leur constitution qui les rend inaptes à la fonction maternelle. Pour les autres, plutôt que de renoncer aux plaisirs mondains, elles préfèrent abdiquer un rôle aussi noble que sacré.

En résumé, on peut dire que dans les cités populeuses, notamment à Paris, le plus grand nombre des enfants sont déshérités de la nourriture physiologique que la nature leur avait préparée. Mais, si c'est un malheur, c'en est un plus grand, peut-être, de soustraire le nouveau-né aux caresses de sa mère, et à l'influence bienfaisante du foyer paternel ; car c'est briser le premier anneau d'une chaîne qui se dénoue toujours trop tôt, et c'est, à coup sûr, amoindrir, pour la vie tout entière, ces liens mystérieux entre parents et enfants qui naissent d'un premier sourire et des mille péripéties d'une existence précaire.

11

Ce serait donc ici le cas de récriminer contre les femmes qui se soustraient à la tâche d'élever elles-mêmes leurs enfants ; mais à quoi bon ! sans compter que nous serions impuissant à réformer des habitudes profondément enracinées et qui sont la conséquence de notre civilisation, il faut bien avouer aussi que le milieu dans lequel vivent nos compagnes, est peu propre à en faire de bonnes nourrices. Supportons donc des usages contre lesquels s'émousserait notre critique, et appliquons-nous seulement à remédier aux dangers qui en résultent.

C'est une croisade que nous allons diriger contre une coutume inconcevable, absurde, barbare ; celle qui a prévalu d'abandonner, quelques heures après sa naissance, un être chéri et dont la venue était ardemment désirée, à une grossière paysanne qu'on n'a jamais vue, dont on ne connaît ni le caractère ni les mœurs, et qui s'en va, emportant notre trésor, dans un coin

ignoré de la province, dont le nom, parfois, ne se trouve même
pas indiqué sur la carte de France.

Il y a là quelque chose qui révolte à ce point le bon sens et le
sens moral, que dans vingt ans on refusera d'y croire. Et, qu'on
le sache bien, ce sont d'excellents cœurs de mères qui se rési-
gnent à un pareil sacrifice, sans autre signe de révolte que quelques larmes furtives, qu'elles cachent avec soin, comme un
tribut payé à l'humaine faiblesse.

Si nous ajoutons maintenant qu'on n'a pas toujours la mince
satisfaction de remettre directement le nouveau-né aux mains
de celle qui doit lui donner son lait, et que les entremetteuses
viennent à Paris, à certaines époques, recueillir des nourrissons
pour les répartir ensuite dans leur pays, on se récriera contre
une allégation aussi invraisemblable. Rien, pourtant, n'est plus
exact, et c'est même une industrie régulièrement organisée, une
véritable *traite*, non moins riche en péripéties que celle des nè-
gres.

III

La traite des enfants se fait à l'aide de *meneuses* : c'est le
nom qu'on donne aux femmes qui ramassent à Paris les nouveau-nés et les conduisent en province chez les nourrices. Une
de ces mégères comparaissait devant la sixième chambre, sous
l'inculpation de faits odieux se rattachant à son trafic. Nous ne
saurions mieux faire que de rapporter sommairement les détails
de cet horrible drame, d'après la *Gazette des Tribunaux* :

Il s'agit d'une femme Laumain, une campagnarde de la
Nièvre, qui, après avoir été nourrice elle-même, s'est constituée
meneuse.

Voici comment elle procédait :

Elle prenait à Paris, dit le journal que nous citons, des enfants, qu'elle
se chargeait, moyennant une petite rétribution, de placer chez les
mères-nourrices de son pays; et les conditions, au premier abord,
paraissaient avantageuses, car elle ne prenait que quinze francs pour

un voyage qui lui coûtait quarante-un francs, aller et retour; mais comme elle emportait quelquefois trois ou quatre colis (c'est des enfants que nous voulons parler), elle touchait, par le fait, quarante-cinq ou soixante francs, et bénéficiait déjà sur ce premier article.

Puis, elle convenait avec les parents de dix-huit ou vingt francs par mois, et ne donnait aux nourrices de seconde main que quinze ou seize francs; second bénéfice.

Enfin, elle usait et abusait du linge et des vêtements qui lui étaient confiés pour ces malheureux petits êtres, en conservant une partie, ne remettant à l'une que ce qui avait déjà servi à l'autre, et cela jusqu'à la dernière extrémité, car un témoin déclare qu'elle ne lui a livré pour envelopper son nourrisson que ce qu'elle appelle *quatre méchants drapeaux*.

Pour arriver à ses fins, il lui fallait chercher des nourrices au rabais; aussi qu'advenait-il souvent? C'est que les enfants dépérissaient et qu'il fallait tenter une seconde, une troisième, quelquefois même une quatrième nourrice.

Elle faisait plus : au lieu de placer les nourrissons dès son arrivée dans son pays, elle tardait pendant cinq, six, huit jours, et nourrissait au biberon des enfants qui ne s'accommodaient pas toujours de ce régime, et ne se relevaient, que si leur bonne étoile leur faisait rencontrer un lait généreux.

Et pendant ce temps, les parents payaient comme si tout eût marché selon leurs désirs. Mais ils étaient complétement trompés; la femme Laumain ne leur faisait jamais connaître la nourrice, et entretenait leurs illusions, en leur écrivant de temps à autre, sous des noms supposés, que leur enfant allait très-bien.

Il a fallu à une mère l'intervention du maire et du juge de paix, pour arriver à savoir ce que le sien était devenu.

Les plaintes sont venues, à la fin, et la femme Laumain a été citée devant la 6e chambre. Elle avait contre elle une prévention, non-seulement d'abus de confiance, mais d'homicide par imprudence. Cette dernière inculpation a été écartée par le tribunal.

Quant aux faits constituant l'abus de confiance, elle ne peut les nier. Mais, dit-elle, *cela ne regarde personne, pourvu que les enfants soient élevés.*

Elle croit même avoir rempli son devoir, en élevant un enfant au biberon pendant un temps plus ou moins long, et cette malheureuse phrase lui échappe : *J'en ai élevé un qui est mort très-bien portant.*

Il est pénible de voir le burlesque de ce langage se mêler à des faits trop sérieux, car si les sommes détournées sont peu importantes, les moyens employés, et qui ne le sont probablement pas par la prévenue seule, ont un caractère singulièrement odieux.

Le tribunal, sur les conclusions conformes de M. l'avocat impérial de Thevenard, et après avoir entendu la défense présentée par Me Legros, a condamné la femme Laumain à deux mois de prison et 25 francs d'amende.

IV

Après la douloureuse impression que produira ce récit, on voudra se persuader, sans doute, qu'il s'agit là d'un fait rare, isolé, et dont on aurait tort de s'alarmer outre mesure. Eh bien ! qu'on se détrompe : le martyrologe de ces pauvres créatures que le chemin de fer emporte chaque jour, au loin, est plus riche qu'on ne croit en cruautés de ce genre.

Il n'est point de médecin qui n'ait eu à combattre des affections chroniques des voies digestives, chez des enfants ramenés de nourrice, et qui n'avaient pour origine que le délaissement, le manque de soins ou la mauvaise nourriture.

Pour notre compte, nous en avons vu revenir dans un état d'épuisement tel qu'ils ne tardaient pas à succomber; ou, s'ils résistaient aux atteintes de la maladie, ils étaient condamnés à traîner jusqu'à la fin de leurs jours, une existence misérable ; car, on ne saurait en douter, une constitution délabrée dès le premier âge se rétablit malaisément, et quand un fonds organique est vicié d'une certaine façon, le mal est irréparable, parce que la vie est menacée dans sa source la plus profonde.

V

Admettons, pour un instant, que cette femme, qui vient à Paris chercher un nourrisson, soit animée des intentions les plus pures, et recherchons quel est le dégré de confiance qu'elle doit nous inspirer.

C'est une mère à laquelle il faut supposer la même tendresse pour son enfant, qu'en peut éprouver la citadine qui lui confie le sien; mais elle est pauvre, et elle est obligée de spolier de ses droits le fruit de ses entrailles, en faveur d'un étranger qui lui apportera, en échange, un peu d'aisance. Il faudrait connaître bien peu le cœur humain, pour ne pas soupçonner déjà un certain ressentiment, chez une nature grossière, contre ce qu'elle appellera l'injustice du sort, et pour ne pas la croire capable de céder parfois à des tentations de vengeance.

Que si, au contraire, le hasard, — car lui seul est en jeu en si grave matière, — si le hasard permet que cette nourrice soit cupide et méchante tout à la fois, il arrivera qu'au mépris de toute loyauté, elle continuera, comme devant, à élever au sein son propre enfant, réservant au pauvre petit *intrus* le biberon ou la timbale; de sorte qu'au bout d'un an de ce régime malsain, d'un charmant baby originairement blanc et rose, on vous aura fait un petit squelette horrible à voir, où vous ne reconnaîtrez plus votre cher trésor.

Mais au fait, qui vous garantit l'identité? N'est-il pas permis de supposer, sans faire de trop grands frais d'imagination, que du mélange de tant d'enfants dans un même wagon et au milieu de la nuit, quelques échanges aient pu se commettre de la part de ces commères, qui ne brillent pas précisément par un excessif développement d'intelligence?

Vous frémissez, jeunes mères, devant cette hypothèse, et pourtant il faut compter avec elle; car elle a dû se réaliser quelquefois, et, en pareille matière, le seul doute est un supplice plus terrible que tous ceux qu'a inventés Dante.

VI

Nous nous intéressons, à juste titre, à l'amélioration de nos animaux domestiques, et nous avons institué des prix pour encourager les éleveurs; mais ne serait-il pas temps de songer aussi quelque peu à l'amélioration physique de l'espèce humaine ?

Nous ne voulons pas affirmer qu'elle soit en voie de dégéné-rescence, car la question est controversée; mais nous avons la conviction qu'elle n'est pas en voie de progrès, alors que tout progresse autour de nous, et que l'hygiène et la médecine, pas plus que les autres sciences, ne sont demeurées stationnaires. Nous nous croyons en droit d'attribuer cet état de choses, émi-nemment déplorable, à l'incurie qui préside à l'éducation maté-rielle du premier âge, et nous avons pensé qu'il serait utile d'appeler, sur ce sujet, l'attention publique, au moment où, à notre appel, un comité s'est mis à l'œuvre pour fonder sous le nom de : SOCIÉTÉ PROTECTRICE DE L'ENFANCE, un ensemble d'in-stitutions qui concourront à un même but, savoir :

De préparer une génération forte et vigoureuse, en substituant à la spéculation individuelle qui exploite les nouveau-nés, une organisation harmonique et rationnelle qui embrasse tous les détails de l'élève de l'homme, depuis le berceau, jusqu'à son complet développement organique.

On nous objectera peut-être qu'il est irrévérencieux, pour le Roi de la création, d'attacher un si grand prix au plus ou moins de perfection de son corps, quand le seul objet digne de sollici-tude, c'est l'esprit qui l'élève au-dessus de tous les êtres soumis à sa puissance.

Qu'importe à l'homme la force physique, dira-t-on, quand sa destinée est de subjuguer la nature par le principe immatériel qui fait toute sa noblesse? Façonnez la brute à votre gré, en vue des services que vous voulez en retirer; pétrissez la matière vivante de toutes les manières, puisque aussi bien c'est une in-dustrie qui vous est désormais acquise; mais ne vous avisez pas d'appliquer ces procédés sacriléges à l'enfance, de peur de faire prédominer en elle l'animalité aux dépens de l'être moral et intelligent !

En y réfléchissant un peu, on sera bientôt convaincu que ces arguments ne sont que de purs sophismes. En effet, nous n'avons nulle intention de *cultiver* des hommes pour une destination spéciale et déterminée à l'avance. Nous respectons trop la liberté et la spontanéité des vocations, et nous craindrions d'of-fenser Dieu en troublant l'ordre qu'il a établi, par une interven-tion impie dans ses desseins impénétrables. Nous voulons que, dès les premiers jours de la vie, l'homme soit placé dans les conditions les plus favorables pour le développement de tous ses organes, et pour l'accomplissement régulier de toutes ses foncttons ; de telle sorte que les constitutions originairement saines s'affermissent, et que les germes de maladies héréditaires soient étouffés sous l'action incessante des modificateurs hygié- niques, propres à entraîner la nutrition dans une voie opposée aux tendances morbides apportées par l'enfant au moment de sa naissance.

Nous voulons, en un mot, produire des hommes capables de supporter les luttes de l'existence, dans les différentes carrières auxquelles ils sont prédestinés, et leur préparer une moyenne de santé et de longévité, en rapport avec les progrès de la science et les exigences de la civilisation.

VII

LA SOCIÉTÉ PROTECTRICE DE L'ENFANCE doit avoir pour objet :

1°. De préserver le premier âge des dangers du mode actuel d'allaitement par des nourrices salariées, loin des parents, sans surveillance suffisante et sans garantie efficace.

2° De mettre en pratique les ressources dont dispose l'hygiène pour le développement physiologique des enfants, avant d'en- treprendre la culture de leur intelligence.

3° De poursuivre simultanément, à l'âge opportun, l'éduca- tion matérielle, morale et intellectuelle.

La Société devra se proposer d'atteindre ce triple but par les fondations suivantes, qu'elle réalisera par elle-même ou dont elle provoquera la réalisation par l'industrie privée.

A. Des COLONIES MATERNELLES, qui seront établies dans le voi- sinage des grandes villes et où des nourrices de choix seront entretenues pour l'élève des enfants au sein ou au biberon. Des vaches laitières de race supérieure réunies dans ces établisse- ments, fourniront le lait nécessaire à l'allaitement artificiel des nourrissons.

B. Des prix institués en faveur des nourrices qui auront le mieux accompli leur tâche.

C. Des gymnases et des écoles, pour l'application des méthodes d'éducation les plus propres à fortifier à la fois le corps et l'es- prit.

La Société se procurera les ressources dont elle a besoin pour remplir sa mission humanitaire, au moyen d'une souscription publique à laquelle seront appelées à concourir les personnes qui s'intéressent au succès de l'Œuvre.

Un conseil supérieur et un Comité de Dames patronnesses seront placés à la tête de la Société.

VIII

Quelques détails sur les Colonies maternelles, telles que nous les comprenons, ne seront pas déplacés ici.

A de faibles distances des grands centres de populations, autant que possible sur le parcours d'un chemin de fer et sur un emplacement réunissant toutes les conditions désirables de salubrité, seront établis de 500 à 1,000 maisonnettes ou chalets, *suffisamment espacés* et distribués de telle sorte qu'une nourrice, son mari et ses enfants — si elle en a — puissent s'y loger commodément. Les habitations se composeront de deux chambres, d'une cuisine, d'un grenier et d'une cave. Elles seront entourées d'un petit jardin potager pour les besoins du ménage.

Les maisonnettes seront meublées, et pourvues du linge nécessaire aux nourrices, et aux nourrisons. Une écurie sera disposée pour recevoir une ou deux vaches.

Au centre de la *Colonie*, sera placé l'établissement principal, comprenant la direction, les bureaux de l'administration et les logements particuliers du directeur, du médecin et des employés. L'édifice sera surmonté d'une petite tour où sera placée une horloge.

Parallèlement à cette construction, on élèvera un second bâtiment, dans lequel seront établis un restaurant, pour les parents qui viendront visiter leurs enfants, une boulangerie, une boucherie, et des boutiques de marchandises et de denrées nécessaires à la colonie. A ces différents commerces pourra être appliqué le principe des *sociétés de consommation*, si l'expérience vient à consacrer leurs avantages pour les participants.

Un lavoir, un séchoir et un établissement de bains, seront réunis sous le même toit.

Toute la colonie devra concourir à la création d'un parc avec de belles promenades, soigneusement entretenues et pourvues de fontaines en nombre suffisant.

Sur un point convenable de la colonie, il y aura un promenoir couvert pour les temps de pluie et les froids trop rigoureux.

Chaque ménage de la *Colonie maternelle* vivra isolément, de la vie de famille, et il n'y sera admis que des couples légalement unis.

Les Sociétés qui entreprendront l'édification de ces colonies, pourront certainement offrir aux capitaux un dividende suffisamment rémunérateur, en ajoutant aux produits de l'industrie nourricière, les bénéfices d'une exploitation agricole, telle que la culture des terres, et la vente du lait, provenant des vaches qui seront entretenues dans la propriété. Ce lait, fourni par des animaux de races choisies et maintenus dans un état de santé irréprochable, par les soins dont ils seront l'objet, sera vendu dans la ville voisine, au même prix que le lait de mauvaise qualité, qu'on a coutume d'y consommer, et obtiendra forcément une préférence méritée. Les maris des nourrices et leurs enfants, parvenus à l'âge adulte, seront employés à la double industrie de la culture des terres et de l'élève du bétail. Quant aux nourrices elles-mêmes, leurs loisirs pourront être utilement consacrés à des travaux productifs, se rapportant à leurs aptitudes et à leurs goûts, qui viendront grossir les bénéfices de la colonie.

La ferme ou bâtiment destiné au service de la laiterie, avec les bureaux, les logements des employés, domestiques, etc., sera placée à l'une des extrémités de la colonie : elle contiendra une écurie pour dix chevaux au moins.

Enfin, deux maisonnettes de forme particulière seront disposées sur des emplacements convenables pour les *concierges surveillants*.

IX

Deux questions se présentent maintenant, auxquelles il nous faut répondre :

1° Les parents confieront-ils leurs enfants aux *Colonies maternelles*?

2° Les *Colonies maternelles* trouveront-elles le nombre de nourrices nécessaire à leur fonctionnement?

Il nous paraît hors de doute, que les parents regarderont comme une bonne fortune la possibilité de faire élever leurs enfants, presque sous leurs yeux, puisqu'ils pourront à tout instant du jour s'assurer de leur état de santé, leur prodiguer d'affectueuses caresses, avoir la certitude que, sous le rapport du confort, rien ne leur manque, qu'une administration vigilante et un médecin capable, étendent incessamment sur eux une surveillance active et éclairée et qu'enfin les liens de famille ne sont point rompus entre eux, comme il arrive dans l'état de choses actuel.

Qui donc songerait encore à recourir aux bureaux de nourrices, lorsque, surtout, la dépense ne sera pas plus élevée et qu'il n'y aura plus à ajouter au prix convenu, le sucre, le savon et autres menues exigences auxquelles les familles sont forcées de souscrire aujourd'hui? Ajoutons encore, qu'avec les *Colonies maternelles* il n'y aura même plus à fournir de layettes, autre objet d'exploitation des nourrices qui ont une certaine expérience dans l'art de captiver la tendresse des mères.

Donc, du côté des parents, il n'est point à craindre qu'ils n'embrassent avec ardeur et reconnaissance la cause des *Colonies maternelles*.

Serait-ce plutôt les nourrices, qui feraient défaut à l'institution nouvelle? Cela n'est pas davantage admissible.

D'abord, parce qu'elles trouveront dans le présent une existence heureuse qu'elles ne connaissaient pas jusqu'alors, et que dans l'avenir elles auront en perspective un des prix d'une valeur plus ou moins considérable dont *la Société protectrice de l'enfance* se réserve de récompenser chaque année le zèle et le dévoûment des plus méritantes.

Or, qu'est-ce qu'une somme de mille francs, par exemple, pour une pauvre famille de paysans? C'est un morceau de terre qui représente l'aisance et presque la fortune.

Nous croyons, en conséquence que, loin de manquer de nourrices, les fondateurs de *Colonies maternelles* n'auront que l'embarras du choix.

X

Il est peu de familles qui, voyant leurs enfants prospérer, songeront à les reprendre au moment du sevrage. Il est même raisonnable de supposer que beaucoup de parents, obsédés du souci des affaires et d'ailleurs logés à l'étroit, au sein des grandes villes, ne demanderont pas mieux que de laisser ces chers petits êtres là où ils sont si bien, jusqu'à l'âge où leur éducation physique étant achevée, ils puissent, sans inconvénient, les rappeler auprès d'eux. Il faut qu'on sache bien, d'ailleurs, que ces années n'auront point été perdues pour la culture de l'intelligence, car dans les colonies maternelles, il y aura des écoles. Seulement, l'instruction y sera dispensée d'une façon plus attrayante pour les élèves et surtout sans dommage pour leur développement organique.

Si donc, un grand nombre d'enfants demeurent dans nos colonies jusqu'à l'âge de 7 ou 8 ans, rien n'empêche de garder les nourrices par delà le temps où elles sont aptes à l'allaitement, et, comme c'est de toute justice, on laissera de préférence soumis à leurs soins les enfants qu'elles auront élevés.

Voit-on bien d'ici les vastes horizons qui, peu à peu, se dégagent d'une conception d'abord confinée dans de modestes limites? Les *Colonies maternelles* ne sont déjà plus des établissements voués exclusivement à l'allaitement et au sevrage. Les voilà devenues de véritables *pépinières* — le mot est caractéristique pour la culture des générations nouvelles, au triple point de vue physique, moral et intellectuel. Quel imposant problème et quelle noble tâche!

Mais nous n'avons pas le temps de nous arrêter à des digressions. — Passons.

Cependant, nous devons faire remarquer, en finissant, que nous venons de résoudre, chemin faisant, une grosse objection, à savoir : que les nourrices ne pouvant remplir leurs fonctions que pendant un an ou 18 mois, la population des colonies serait renouvelée trop fréquemment, pour qu'il fût possible de fonder rien de stable avec des éléments si nomades. Nous avons vu qu'il n'en serait point ainsi, et que le plus grand nombre de ces femmes, alors même que leurs seins seraient taris, pourraient demeurer, pendant de longues années encore, chargées du soin d'élever leurs nourrissons, et que, dans cette nouvelle position, leurs services ne seraient pas moins appréciés ni récompensés avec moins de largesse.

Ce n'est donc plus une position transitoire, c'est une véritable carrière qui se présente aux sobres ambitions de ces jeunes mères maltraitées par la fortune, mais assez heureusement douées par la nature, pour remplir sans amertume, à l'égard d'enfants étrangers, les devoirs de la maternité si doux et si faciles là où ils sont honorés comme dans les *Colonies maternelles*.

PARIS. — IMPRIMERIE DE Y. GOUPY ET Cᵉ, RUE GARANCIÈRE, 5.

PARIS. — IMP. DE V. GOUPY ET Cᵉ, RUE GARANCIÈRE, 5.